LES CHEMINÉES D'USINES

Bibliothèque des Actualités Industrielles — N° 6

LES

CHEMINÉES D'USINES

Construction, Réparations

PAR

VICTOR LEFÈVRE

Ingénieur Civil

AVEC 13 FIGURES DANS LE TEXTE

PARIS
BERNARD TIGNOL, ÉDITEUR
LIBRAIRIE SCIENTIFIQUE, INDUSTRIELLE ET AGRICOLE
53 BIS, QUAI DES GRANDS-AUGUSTINS, 53 BIS

LES CHEMINÉES D'USINES

Avant d'aborder notre sujet, il ne sera peut-être pas sans utilité d'entrer dans quelques considérations générales.

— On sait que l'air chaud est, à volume égal, plus léger que l'air froid. Il en résulte que, dans une masse d'air dont la température n'est pas partout la même, l'équilibre ne peut exister : l'air le plus chaud s'élève, comme pour surnager, au-dessus de l'air plus froid, de même qu'on voit dans un mélange de deux liquides le moins dense s'élever au-dessus de l'autre et s'étendre à sa surface.

Autour d'un foyer de chaleur, l'air se renouvelle donc incessamment, le plus froid venant remplacer le plus chaud, qui a gagné les régions supérieures. Il s'établit, de cette façon, un courant qui, emportant les gaz provenant de la combustion, les remplace par un air nouveau, nécessaire à l'entretien de cette combustion. C'est pour accroître l'activité de ce courant qu'on a imaginé de construire des cheminées.

Il y a, dans toute cheminée, deux parties à considérer : le foyer, dans lequel brûle le feu, et le tuyau ou conduit par lequel s'échappe la fumée.

Les dimensions du foyer doivent être petites relativement à la hauteur du tuyau, afin que tout l'air qui arrive soit chauffé, et que la cheminée ne donne accès qu'à de l'air plus léger que l'atmosphère ambiante.

Le tuyau doit, comme le foyer, avoir des dimensions convenables. Trop étroit, il s'oppose à l'écoulement des gaz chauffés, et fait fumer, trop large, il laisse à ces mêmes gaz trop de jeu. trop d'espace, et comme ils n'y acquièrent qu'une force d'ascension très faible, le moindre coup de vent suffit pour les arrêter et les faire refluer, et il fume encore.

Pour que les frottements du gaz ascendant le long des parois du conduit soient diminués, autant que possible, ce conduit doit, de préférence, être vertical. Et, comme l'énergie du tirage est proportionnelle à la différence de poids de deux volumes d'air égaux, plus le tuyau sera élevé, plus le tirage sera fort, puisque la quantité d'air chaud sera augmentée. C'est pour cette raison qu'on donne une aussi grande hauteur aux cheminées d'usines.

Quand les cheminées sont, comme celle de la poudrerie de Sévran, que nous allons décrire, destinées à desservir des foyers employés dans l'industrie, il faut, outre cette grande hauteur, leur donner une section appropriée à l'effet à produire.

La section circulaire ou polygonale est la plus convenable parce qu'elle correspond au minimum de contour.

La section d'une cheminée doit se déterminer en tenant compte de toutes les résistances que la colonne d'air chaud doit vaincre dans son trajet, ainsi que de celles que l'air éprouve en traversant le foyer. Mais, cette dernière évaluation ne peut s'obtenir que par des expériences.

La puissance d'une cheminée dépend donc, d'une manière absolue, de sa hauteur, de la température moyenne que les gaz y conservent, et de sa section.

La hauteur, surtout, a la plus grande influence puisque la vitesse de la fumée croît avec elle, ainsi que l'indique la formule :

$$V = \sqrt{\frac{2\,g\,H\,\alpha\,(t'-t)\,D}{D+2\,g\,K\,(L+H)}}$$

dans laquelle,

V réprésente la vitesse de la fumée,

g l'accélération de vitesse due à la pesanteur $= 9^{m},8088$,

α le coëfficient de dilatation de l'air $= 0,00367$,

t' la température moyenne de l'air dans la cheminée,

t la température de l'air extérieur,

L le développement du canal de fumée, depuis le foyer jusqu'au pied de la cheminée,

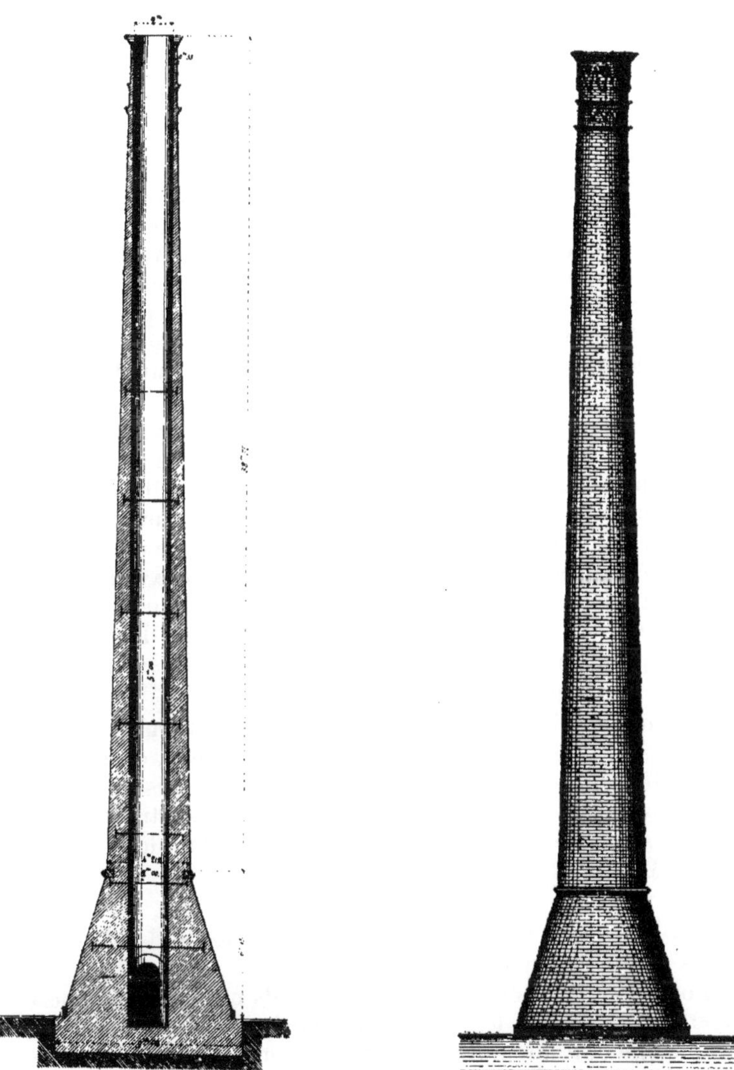

Fig. 1 et 2

Cheminées des Charbonnages du Nord. de Charleroi

D le diamètre de ce canal que l'on suppose être celui de la cheminée,

H la hauteur de la cheminée,

et K un coëfficient constant pour une même nature de cheminée, et que M. Péclet fait égal à 0,0127 pour les cheminées en poterie.

Mais cette vitesse théorique est singulièrement diminuée par le frottement de l'air contre les parois internes de la cheminée et par le refroidissement graduel que cet air y éprouve ; la vitesse réelle n'en est guère que le quart ou le cinquième. Toutefois, elle ne doit pas descendre au-dessous de 3 à 4 mètres par seconde, afin que le courant puisse résister à l'action des vents extérieurs et que la fumée ne soit pas refoulée dans l'intérieur de la cheminée.

Enfin, pour que ces cheminées soient plus solides et résistent mieux à l'action des vents, on leur donne la forme d'un tronc de cône. La maçonnerie varie à l'intérieur par ressauts brusques déterminés de façon que chaque partie de la cheminée comprise entre un redan et le sommet de la cheminée, présente un moment de stabilité suffisant pour résister aux vents et aux différentes causes qui pourraient occasionner sa chûte. Il y aura stabilité, si le moment de la résistance (M R) autour de l'axe de rotation, pris à l'opposé de la force qui tend à renverser le système, est égal à celui de la puissance (M P).

Mais, comme dans toute construction, il faut multiplier le moment de la puissance (M P) par un coëfficient δ, dit module de stabilité, afin de parer à la non adhérence des mortiers, à l'établissement, toujours imparfait, de la construction et aux causes accidentelles de toute nature. On doit donc avoir : $M\,R = \delta\,M\,P$.

Dans la pratique, δ varie de 2 à 3.

La stabilité du fût entier et celle de la cheminée tout entière se vérifient d'après le même principe.

— Lorsque la température des gaz chauds ne doit pas dépasser 300°, on construit les cheminées d'usines en briques ordinaires ; si elle doit atteindre 500°, le parement intérieur doit être en briques réfractaires, principalement à la partie inférieure.

Dans le premier cas, on relie les matériaux avec du mortier de chaux hydraulique et sable fin, et dans le deuxième cas, avec de la terre réfractaire. On ne peut employer le plâtre que pour des températures inférieures à 100° et encore ne le fait-on plus, de nos jours.

— Dans les grands établissements, on ne construit souvent qu'une seule cheminée pour desservir plusieurs fourneaux ; ce système procure une uniformité de tirage qui n'existe pas dans les cheminées à un seul foyer.

L'usage des cheminées semble avoir été inconnu aux anciens ; elles n'apparaissent guère qu'au XIe siècle et deviennent un peu plus communes au XIIe ; mais, ce n'est qu'à partir du XIIIe siècle qu'elles prennent, réellement, un développement considérable.

Montgolfier, l'inventeur des ballons, est le premier qui se soit occupé de leur tirage.

Cheminée de la Poudrerie Nationale de Sévran.

La cheminée de la Poudrerie Nationale de Sévran s'élève au milieu d'un groupe de bâtiments renfermant les appareils nécessaires à la production et à la transmission d'une force motrice de 120 chevaux ; elle reçoit la fumée des foyers de 3 chaudières de 47 mètres carrés de surface de chauffe chacune.

Sa hauteur, au-dessus des fondations, est de $36^m,00$ (1).

Cette hauteur, au point de vue de la construction, peut être divisée en trois parties distinctes :

Le piédestal, avec sa corniche. . . .	$5^m,10$	
Le fût.	$29^m,10$	$36^m,00$
Le chapiteau	$1^m,80$	

Au-dessus, a été placé un paratonnerre de $6^m,48$ de hauteur.

FONDATIONS

Les fondations ont été descendues, à une profondeur de $4^m,25$. sur un terrain suffisamment résistant (argile mélangée de sable), pour supporter une charge de $1^k,15$ par cent. carré de surface. C'est la charge qui résulte du poids de la cheminée (416.200 kil.,) réparti sur une surface de 36^{m2}.

Ces fondations sont formées :

1° D'un massif de béton, de $1^m,50$ d'épaisseur, représentant quatre prismes quadrangulaires superposés, avec retraite de

(1) Cette hauteur peut être considérée comme la moyenne de celles qu'on donne, en France, aux cheminées d'usines.

$0^{m},250$, et dont le premier a 6 mètres de côté et forme une base de $36^{m\,2}$.

2° D'un massif cylindrique, de $4^{m},00$ de diamètre et de $1^{m},10$ de hauteur, en maçonnerie de moellons durs de roche.

3° D'une couronne, de $1^{m},60$ de hauteur et de $1^{m},10$ de largeur, appelée réservoir à cendres, et dont les diamètres extérieurs et intérieurs sont, respectivement, de 4 mètres et $1^{m},80$. C'est une maçonnerie ordinaire de moellons durs de roche avec revêtement, à l'intérieur, d'une chemise en briques de $0^{m},11$ d'épaisseur, pour le fond, et de $0^{m},22$ pour le parement vertical.

Un intervalle de $0^{m},10$ a été ménagé, entre la fondation de la cheminée et celle des bâtiments voisins, afin que le tassement puisse s'opérer séparément, pour chaque construction.

PIÉDESTAL

Le piédestal a $5^{m},15$ de hauteur, y compris un enfoncement de $0^{m},05$, dans le sol, qui est à l'altitude de 62,75.

Sur $3^{m},85$, il affecte, extérieurement, la forme octogonale. Cette disposition a été choisie pour faciliter le raccordement d'une construction placée au niveau de la base de la cheminée. Il prend ensuite la forme circulaire et la cheminée la conserve dans tout le reste de sa hauteur. Ce piédestal est évidé, en son milieu, suivant un cylindre de $1^{m},80$ de diamètre, et il est percé de deux ouvertures : l'une, à l'est, de $0^{m},80^{2}$ de section destinée à recevoir une porte de service donnant accès

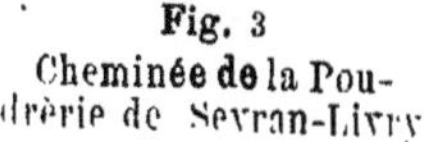

Fig. 3
Cheminée de la Poudrerie de Sevran-Livry

dans l'intérieur de la cheminée (1); l'autre, au sud, de 1^{m},94^{2} de section qui reçoit le conduit de la fumée.

A part la corniche, qui est en pierres de taille, la maçonnerie est en briques ayant jusqu'à 0^{m},85 d'épaisseur, dans les parties les plus étroites.

La corniche a 0^{m},95 de hauteur; elle est formée de deux assises (0^{m},50 + 0^{m},40) composées de 8 pierres chacune, et présente une saillie de 0^{m},40 sur le piédestal et de 0^{m},27 sur le fût. Toutes ces pierres sont reliées entre elles par des crampons en fer encastrés et scellés avec du mortier de ciment.

Avant de poser la porte de service, qui est en fonte, son ouverture a été, préalablement, bouchée par une cloison en briques de 0^{m},11 d'épaisseur, pour empêcher l'air extérieur de s'introduire dans la cheminée; cette cloison s'enlève lors des nettoyages de la cheminée.

FUT

Le fût, dont la hauteur est de 29^{m},10, est construit en briques; il présente, à l'extérieur, l'aspect d'une immense colonne à parement uniforme et continu, s'inclinant légèrement, vers le haut, suivant un fruit de 0^{m},027 par mètre. Mais, vu à l'intérieur, il se compose, en réalité, de 5 couronnes en tronc de cône, superposées, avec retraites de 0^{m},11, en approchant du sommet. Ces couronnes ont aussi le même fruit de 0^{m},027. A 1^{m},20 en contre-bas du chapiteau qui le surmonte, le fût est orné d'une astragale, en pierre de taille, de 0^{m},18 d'épaisseur, faisant saillie de 0^{m},14, sur la brique.

Voici les différentes dimensions de ces tronçons : *(Voir page 14).*

---

(1) Les dimensions de cette ouverture, en hauteur et en largeur, sont suffisantes pour permettre le passage d'un homme, lorsque la cheminée a besoin d'être nettoyée ou réparée.

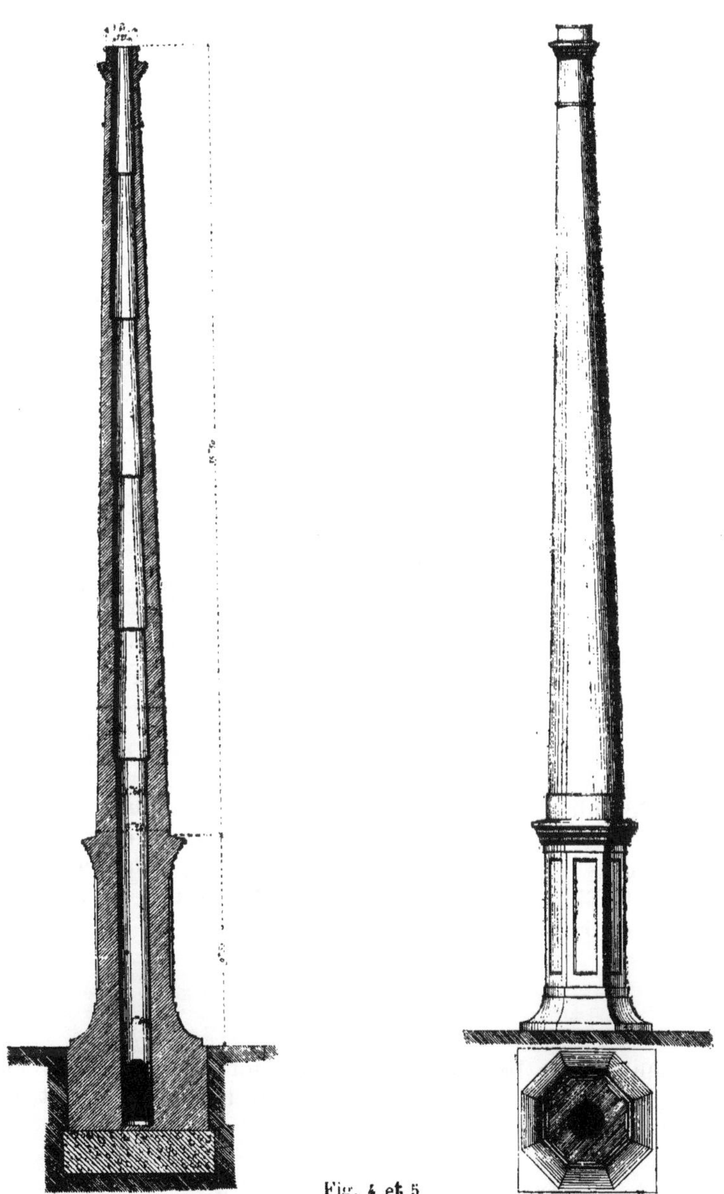

Fig. 4 et 5

Cheminée de Sainte-Marie, Montceau-les-Mines (Saône-et-Loire)

DÉSIGNATIONS des tronçons	HAUTEUR	ÉPAISSEUR de la maçonnerie	DIAMÈTRES INTÉRIEURS	RETRAITES	DIAMÈTRES EXTÉRIEURS
1er	6m,00	0m,68	Base inférieure 1m,800. Sommet. . . . 1m,476.		Base inférieure 3m,160 Sommet. . . . 2m,836
				0m,11	
2e	6 ,00	0 ,57	Base. . . . . . 1m,696. Sommet. . . . 1m,372.		Base. . . . . . 2m,836 Sommet. . . . 2m,512
				0m,11	
3e	6 ,00	0 ,46	Base . . . . . 1m,592. Sommet. . . . 1m,266.		Base. . . . . . 2m,512 Sommet. . . . 2m,186
				0m,11	
4e	6 ,00	0 ,34	Base . . . . . . 1m,506 Sommet. 1m,184		Base . . . . . 2m,186 Sommet. . . . 1m,864
				0m,11	
5e	5 ,10	0 ,22	Base . . . . . . 1m,424 Sommet 1m,149		Base. . . . . . 1m,864 Sommet . . . 1m,589
Totaux	29m,10			0m,44	

Les différentes épaisseurs de la maçonnerie de briques sont des multiples de 0m,11 dans lesquels on a tenu compte de l'épaisseur des joints en mortier, et, comme on le voit, pour passer de la base 0m,68 (3 briques) au sommet 0m,22 (1 brique), on a établi 4 retraites de 0m,11 chacune, soit en tout 0m,44.

CHAPITEAU

Le chapiteau, de 1m,80 de hauteur, est formé de 6 assises en pierres de taille composées chacune : les 1re et 5e, de huit, et les 2e, 3e, 4e et 6e, de seize morceaux.

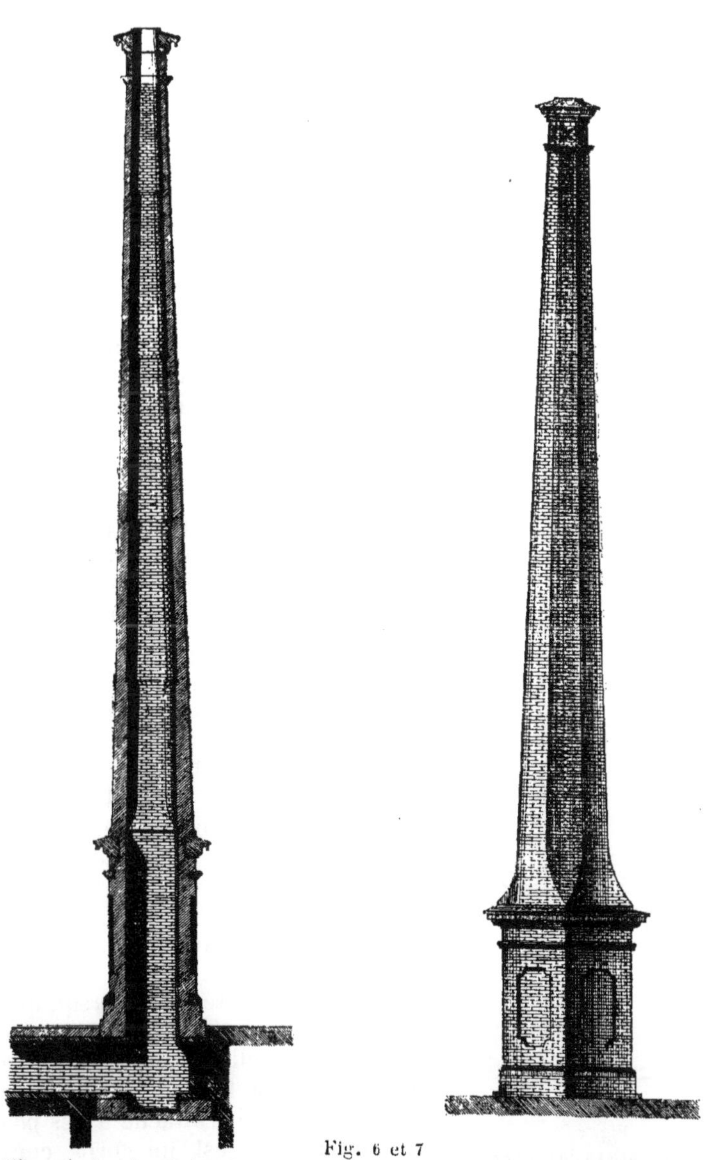

Fig. 6 et 7

Cheminée de Saint-Louis, près de Marseille. — Cette Cheminée, étudiée par M. Buret et construite en 1869, est exposée, depuis cette époque, au mistral, sans avoir subi d'avaries notables.

Entre les seize consoles, en pierres de taille, de la 2e assise, on a intercalé des motifs en briques, de 0m,22 d'épaisseur, qui s'harmonisent avec l'ensemble de la cheminée et les constructions voisines.

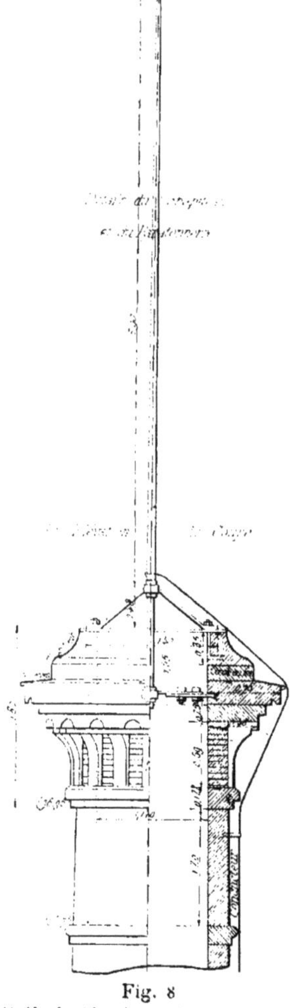

Fig. 8
Détails du Chapiteau de la Cheminée de la Poudrière de Sevran-Livry

Des cercles en fer méplat (0m,040 × 0m,010) avec goujons à scellement (0m,015 × 0m,015 × 0m,15) relient entre elles les pierres des 1re, 2e, 4e et 6e assises : cette précaution a permis de donner, au profil du chapiteau, jusqu'à 0m,56 de saillie, sur le nu du fût.

Des feuilles de plomb, de 0,002 d'épaisseur, recouvrant les 3 assises supérieures du chapiteau, préservent les matériaux contre les pluies, les gelées, etc. ; ces feuilles sont assemblées au moyen d'agrafes en cuivre et de soudures à l'étain.

REJOINTEMENT DES MAÇONNERIES

Les parements extérieurs des maçonneries ont été rejointoyés (en creux) avec du mortier de chaux hydraulique et de sable de rivière tamisé.

PARATONNERRE

Personne n'ignore que, lorsqu'une cheminée d'usine n'est pas surmontée de cet appareil, elle est exposée à être renversée par la foudre, car la suie (ou carbone), qui s'attache à ses parois intérieures, est un corps conducteur de l'électricité.

On a souvent remarqué, d'ailleurs, que, lorsque le feu céleste pénètre dans les habitations, c'est, le plus souvent, par les cheminées, lors même que ces cheminées ne seraient pas les points les plus élevés de l'édifice.

Le paratonnerre de la cheminée de Sévran a été établi conformément aux différentes instructions de l'Académie des Sciences.

Il est solidement fixé, par quatre arcs-boutants, disposés en croix et scellés dans le chapiteau, au moyen de boulons : sa tige, y compris l'empâtement dans l'armature, a une hauteur de 7m,55, ainsi décomposée :

Fer forgé	7m,30	
Cuivre rouge	0m,21	7m,55.
Platine	0m,04	

Le fer a sa partie inférieure cylindrique, sur 1,55 de hauteur, avec un diamètre de 0,05 : le reste est un tronc de cône, de 5,75 de hauteur, avec des diamètres de 0,05 et 0,02.

Le cuivre rouge est un cylindre de 0,21 de hauteur et d'un diamètre de 0,02 ; ses extrémités sont travaillées pour être fixées au fer et pour recevoir le platine.

Le platine, formant le sommet du paratonnerre, est un cône de 0,04 de hauteur, ayant à sa base 0m,02 de diamètre.

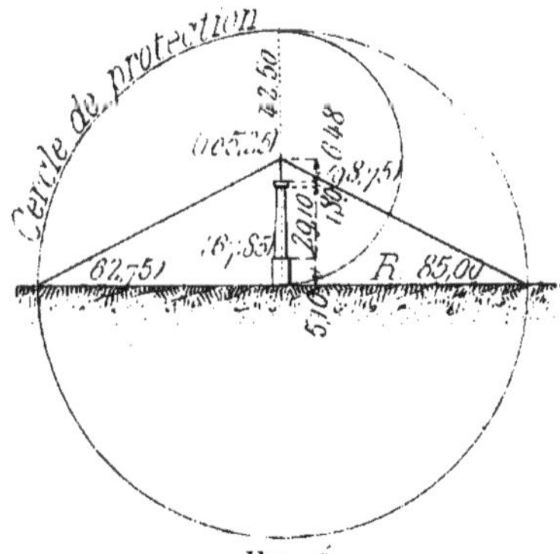

Fig. 9
Cercle de protection du paratonnerre

Ce fut une commission de l'Académie, dont Gay-Lussac était rapporteur, qui prescrivit de former l'extrémité de la pointe du paratonnerre avec le platine, c'est-à-dire avec le plus dense et le plus inaltérable des métaux.

Le sommet du paratonnerre est à 6m,48 au-dessus du chapiteau de la cheminée ou à 42m,50 au-dessus du sol.

Profitant des données de l'expérience, on a cherché à évaluer la distance sur laquelle un paratonnerre étend sa sphère d'action.

L'Académie a admis qu'une tige de paratonnerre protège, contre la foudre, autour d'elle, un espace égal à un cercle dont le centre serait le pied de la tige du paratonnerre et le rayon, le double de cette tige.

D'après ce principe, la surface protégée, au niveau du sol, par le paratonnerre qui surmonte la cheminée de Sévran, répond à l'espace compris dans un cercle qui aurait pour rayon le double de la hauteur de la cheminée et de son paratonnerre c'est-à-dire : $\pi \times (2 \times 42,50)^2$ ou à 2 hectares 26 ares et 98 centiares.

En joignant le sommet du paratonnerre à la circonférence, dont le rayon est de 85^{m}, on obtient un cône de protection ayant pour section verticale 85^{m} $\times$ 42,50 ou 36^{a}, 12^{c},50.

— Le conducteur est formé d'une suite de barres de fer carrées, de 0^{m},016 de côté et d'environ 6^{m},00 de longueur ; ces barres sont jointes l'une à l'autre, par superposition des extrémités, avec 2 boulons et de bonnes soudures à l'étain.

Les deux faces en contact sont étamées préalablement, quand elles sont réunies par les boulons et soudées, on garnit les extrémités des boulons et les faces latérales.

Le conducteur est fixé à la tige, à 0^{m},50 au-dessus du chapiteau ; le trou, percé dans la tige, est étamé, ainsi que l'écrou et la portion arrondie du conducteur. Quand la soudure a été faite, on y ajoute pour la compléter :

Un anneau de soudure tout autour du joint ;

Un nœud de soudure qui enveloppe l'écrou et le bout du conducteur.

Le conducteur descend jusqu'à la base de la cheminée en contournant, sans les toucher, le chapiteau, l'astragale et la corniche ; il se recourbe ensuite, horizontalement, pour gagner, à quelques mètres de là, en passant sous le sol, dans un dalot, l'ouverture d'un puits dans lequel il est plongé. Ce conducteur est maintenu, à 0^{m},10 du parement extérieur des maçonneries, au moyen de supports à fourchettes en fer, scellés dans la maçonnerie. Ces supports empêchent les déplacements latéraux d'une trop grande amplitude, en même temps qu'ils permettent le jeu de la dilatation.

Le puits, qui ne tarit jamais, est formé d'un tube, en tôle, de

0m,20 de diamètre et de 2m de profondeur. Lors de la rédaction des projets, ce tube avait été utilisé pour les sondages relatifs à l'étude des fondations des bâtiments et de la cheminée.

La partie inférieure du conducteur est terminée par une fourche en fer, à 4 branches de 0m,60 de longueur chacune : ces branches sont assemblées, deux à deux, avec le conducteur, au moyen de boulons noyés dans un même nœud de soudure à l'étain.

Tous les fers du paratonnerre, excepté la portion immergée du conducteur dans l'eau du perd-fluide, ont été peints à l'huile à trois couches ; la première, au minium de plomb, a été appliquée, avant la pose des fers, et les deux autres après, au moyen d'échelles de cordes.

ÉCHELLE

Afin de permettre d'arriver jusqu'au sommet de la cheminée, pour la ramoner ou la réparer, on a établi, dans l'intérieur, une échelle en fer forgé, de 37m,67 de longueur et de 0m,40 de largeur (1).

Cette échelle est formée de six parties variant de 6m à 6m,91 de longueur ; ses montants, en fer méplat (0m,040×0m,01), se recourbent, par le haut, pour embrasser les traverses en fer carré (0m,03 de coté) reposant sur les retraites du fût et ses échelons, en fer rond de 0m,015 de diamètre, sont rivés, à froid, dans les montants, à des intervalles de 0m,275 à 0m,30.

Le coefficient de dilatation linéaire du fer doux forgé étant de 0,0000122, cette échelle, sous une température de 300°, pourrait s'allonger de 0m,138.

On a pris toutes les précautions voulues pour que cette dilatation pût s'effectuer librement et, afin que les barres, qui supportent l'échelle, ne viennent pas buter contre la maçonnerie, on a

---

(1) Cette précaution fait que l'ouvrier et les personnes appelées à surveiller les travaux sont obligés de monter dans la cheminée, à la corde, au lieu de monter avec les échelons ci-dessus.

laissé $0^m,04$ de jeu entre chacune de leurs extrémités et la maçonnerie.

L'échelle, recouverte de trois couches de peinture à l'huile, dont la première au minium de plomb, n'a été mise en place qu'après l'achèvement des travaux afin d'éviter qu'elle ne fût endommagée par la chûte des matériaux (2).

MODE DE CONSTRUCTION

On construit maintenant presque toutes les cheminées d'usines sans échafaudage, à partir du piédestal, dans lequel il entre souvent des pierres de taille de fortes dimensions.

Jusque vers 1838, on élevait de grands échafaudages très coûteux avec d'énormes sapines, reliées par des croix de Saint-André, au milieu desquelles était établi un escalier servant aux ouvriers et au montage des matériaux. Les manœuvres transportaient, sur leur tête, le mortier placé dans des seaux ou des auges en bois et ils montaient les briques dans un crochet, sorte de hotte en bois, bien connue à Paris.

Actuellement, il n'en est plus ainsi : on construit les cheminées par l'intérieur. C'est par là aussi que tous les matériaux passent.

Les ouvriers se tiennent sur la maçonnnerie, tant qu'elle a plus de $0^m,22$ de largeur ; à mesure qu'ils élèvent la cheminée, ils établissent, sur la partie supérieure de la maçonnerie, avec quelques briques, disposées en tas, deux supports pour recevoir une traverse en bois. Au milieu de cette traverse, est attachée une poulie munie d'une corde. Cette corde, d'un bout, s'enroule autour d'un treuil placé sur le sol, en avant de la porte de service, et, de l'autre, elle reçoit un crochet en fer qui sert, suivant le cas, à hisser l'ouvrier briquetier ou à l'approvisionner de matériaux.

Lorsque la maçonnerie atteint la largeur d'une brique ($0^m,22$),

(2) Certains constructeurs se contentent, habituellement, d'échelons en fer scellés, au fur et à mesure de la construction, entre $0^m,35$ et $0^m,40$ d'écartement.

l'ouvrier, ne pouvant plus se tenir dessus, a alors recours à un petit échafaudage composé de quelques planches placées sur deux barres de fer, encastrées dans des trous réservés à cet effet dans la maçonnerie.

TRACÉ DU FUT

On doit prendre toutes les dispositions nécessaires pour assurer la verticalité de l'axe de la cheminée et veiller, avec le plus grand soin, à la régularité de la forme circulaire de chaque assise autour de son centre, vers lequel les joints des briques doivent rayonner.

Pour obtenir ces résultats, voici comment on a opéré :

Sur le dessus de la corniche en pierres de taille du piédestal, on a tracé la base du fût à l'aide de deux *règles en bois*, ayant pour longueur : l'une, au moins le diamètre et l'autre, le rayon extérieur de la cheminée.

La première de ces règles est pourvue, en son milieu, d'une pointe que l'on fait correspondre au centre de la cheminée.

La deuxième est percée d'un trou, à l'une de ses extrémités, de manière à pouvoir tourner, à volonté, autour de la pointe de la première ou du centre de la cheminée. Cette règle, appelée simbleau, reçoit encore, à son autre extrémité, une pointe qui sert à décrire les deux circonférences de la base du fût. Le fût allant toujours en diminuant de largeur, la pointe à tracer du simbleau est rapprochée du centre, au fur et à mesure que la construction s'élève.

— Pour disposer les premières assises de briques, on fait usage d'une *règle à fruit* qui se compose d'une planche rectangulaire, en bois, de 1^m, 15 de longueur sur 0^m,15 de largeur.

Sur le milieu de la planche, dans le sens longitudinal, est tracée une ligne verticale, au bas de laquelle est pratiqué un évidement pour loger un plomb que l'on suspend, par une ficelle, à la partie supérieure. A 0^m,10 au-dessus de l'évidement, on a établi, au moyen d'un gros fil de fer, une chambre de $0^m,10$ de longueur sur $0^m,02$ de largeur. Cette chambre est destinée à maintenir le fil à plomb lorsqu'il fait du vent.

L'inclinaison que prend la règle indique à l'ouvrier comment il doit disposer le parement du fût.

— Toutes les briques sont placées, horizontalement et en boutisses, sur les parements intérieur et extérieur.

On doit vérifier, environ à tous les 2 mètres de hauteur, et la forme circulaire et le fruit avec les instruments dont nous venons de parler. C'est ce que les ouvriers appellent simbleautage et plombage.

Quelques constructeurs emploient un moyen, qui nous paraît excellent, pour diminuer les chances d'erreurs qui pourraient survenir pendant la construction.

A chaque vérification, ils fixent dans la maçonnerie 2 lattes en bois de $0^m,20$ de longueur, aux extrémités de la règle passant par le diamètre. Ces repères, saillissant d'environ $0^m,10$ sur le nu du fût, l'ouvrier a ainsi, pour se guider, une série de jalons ou mirettes dont tout le monde connaît l'emploi.

Lorsque la maçonnerie est terminée, on fait disparaître ces lattes en laissant tomber sur elles, du haut de la cheminée, une brique. Le poids de cette brique, qui est attachée à une ficelle, que manœuvre un ouvrier placé en haut de la cheminée, suffit pour casser la partie en saillie de la latte, parce qu'avant de la placer, on avait eu le soin d'y pratiquer une entaille *ad hoc*.

PERSONNEL OUVRIER

Le personnel ouvrier, attaché à la construction d'une cheminée d'usine, est ordinairement de 5 hommes : 1 chef de chantier, 2 briquetiers et 2 manœuvres.

Le chef de chantier surveille les ouvriers et prend part, indistinctement, à tous les travaux.

Le plus habile des briquetiers est chargé de la maçonnerie des parements : l'autre s'occupe du remplissage.

Le tamisage du sable, la préparation du mortier, l'approche et le montage des matériaux occupent les deux manœuvres.

— Le briquetier de grandes cheminées est un ouvrier spécial et difficile à former; car, en même temps qu'il est fort peu commodément placé pour travailler, il est soumis à toutes espèces d'oscillations et exposé au grand air et au tirage de la cheminée. Les qualités essentielles de cet ouvrier consistent à avoir surtout de l'œil et du goût.

Pour que l'exécution d'une cheminée soit aussi correcte que possible, il convient que le même ouvrier en fasse tout le parement; c'est d'ailleurs ce qui a lieu ordinairement.

La série des prix de la Ville de Paris porte le salaire du compagnon fumiste, pour une journée, été comme hiver... à 7 fr. 95
et celui du garçon .... à 4 fr. 50

MATÉRIAUX

Le mortier se compose, en volumes, d'une partie de chaux hydraulique éteinte, et de 2 parties de sable de Seine tamisé.

Les briques ($0^m,22 \times 0^m,11 \times 0^m,054$) proviennent de Fresnes, ont l'aspect de celles dites de Bourgogne, et quoique de bonne et belle qualité, on en a fait un triage soigné, pour placer, en parement, celles de couleurs uniformes et à la fois les plus saines, les mieux cuites et les plus régulières.

Dans la rédaction des projets, on avait prévu des briques spéciales qui devaient être moulées sur panneaux, suivant les formes et dimensions figurées aux dessins d'appareils ; mais les grands diamètres de la cheminée et l'habileté bien connue de l'entrepreneur permirent à l'Administration de renoncer à l'emploi de ces briques spéciales. Ces briques, on l'a reconnu, ne donnent pas toujours des résultats en rapport avec les sujétions qu'elles créent. Cette remarque est d'ailleurs facile à comprendre lorsqu'on examine les effets si différents, qui se produisent par la cuisson, sur des briques identiquement semblables au moulage.

Les moulures du piédestal ont été taillées et ravalées après l'achèvement des autres travaux. Pour préserver les pierres, pendant la construction, il est prudent de les recouvrir de planches maintenues par du mortier de plâtre.

Les pierres du chapiteau ont été taillées complètement, avant leur mise en place, en prenant les précautions nécesssaires pour que leurs moulures se raccordassent bien.

Détail estimatif d'une cheminée de 36 mètres.

TERRASSEMENTS.

1. Déblai ordinaire, pour fouille et charge. . .	$\overline{245}$,^{m3},66 à 0f,60 =	147f,52
2. Reprise de terre et pilonnage de remblai autour des maçonneries.	$\overline{167}^3$, 65 à 0 ,35 =	58 ,68
3. Reprise de terre et transport, au tombereau, à 360 mètres de distance moyenne	$\overline{78}^3$, 21 à 1 ,14 =	89 ,16
Total pour les terrassements.		295frs,36

MAÇONNERIE.

4. Béton posé à sec, composé de 0m90 de cailloux et 0m45 de mortier de chaux hydraulique avec sable de Seine	$\overline{43}^3$.22 à 21.00 =	907f,62
5. Maçonnerie ordinaire de moellons durs de roches hourdés en		

mortier, comme ci-dessus............	$\overline{22}^3$,30 à 22,70 =	506,21	
Pierre de taille : Roche de Saint-Maximin — 6. Maçonnerie.	$\overline{18}^3$.10 à 98,00 =	1773,80	
7 Taille layée. (surfaces planes).....	$\overline{50}^2$.00 à 6.00 =	300,00	
8. Taille layée. (surfaces moulurées)..	$\overline{20}^2$.00 à 12,00 =	240,00	
9. Taille des premiers épannelages.	$\overline{20}^2$,00 à 6.00 =	120,00	
10. Maçonnerie de briques ordinaires de Fresnes (Seine-et-Marne) hourdée en mortier de chaux hydraulique et sable de Seine tamisé	$\overline{125}^3$.00 à 55,75 =	6,968f,75	
11. Parement de briques, y compris jointoiement, (joints creux)	$\overline{260}^2$.00 à 1,80 =	468,00	
12. Scellement de moins de 0^m,15 de profondeur..............	60 à 0,12 =	7,20	
13. De plus............	6 à 0,40 =	2,40	
Total pour la maçonnerie.....			11,293f,98

SERRURERIE

14. Fer forgé pour échelles, crampons à scellement, armature de la tige de paraton-

nerre et supports de conducteurs.......	650k	à 0.90 =	585f,00	
15. Fer forgé pour tige et conducteur de paratonnerre, compris aiguilles en cuivre rouge et platine et soudures à l'étain.	230k	à 1,25 =	267,50	
16. Plomb en table de 0m,002 d'épaisseur..	230k	à 1,00 =	230,00	
17. Porte en fonte avec gonds en fer bouton, poignée et loqueteau..............	120k	à 0.54 =	64,80	
Total pour la serrurerie....				1147f,20
Total des travaux prévus..				12634,64
A déduire le rabais :				
Sur les articles 1 à 5 : 1709f,19 à 14f,30 % = 244f,41				1421f,29
Sur les articles 6 à 17 : 10927f.45 à 10f,77 % = 1176f,88				
Reste pour les travaux prévus............				11215,65
Travaux imprévus........................				284,65
Total général......................				11500,00

Ce prix de 11500f,00 est un peu élevé ; il aurait pu être réduit à environ 10000f si on avait remplacé la pierre de taille par de la brique, et l'échelle en fer par de simples échelons en fer.

Les deux rabais, appliqués aux dépenses, proviennent de ce que l'adjudication des travaux a été faite à deux entrepreneurs différents : l'un, pour les travaux en fondation, et l'autre, pour ceux en élévation.

MÉTRÉ.

Le métré d'une cheminée d'usine n'offre aucune difficulté.

Nous dirons cependant de quelle manière nous avons évalué le volume des maçonneries du fût, la partie la plus délicate et la plus importante de l'ouvrage.

Pour diminuer, autant que possible, les chances d'erreur qui se produisent presque toujours, lorsqu'on procède par petites portions, nous avons pris le fût entier, depuis la corniche du piédestal jusqu'au chapiteau, et nous l'avons considéré, vide compris, comme un unique tronc de cône, duquel nous avons, ensuite retranché successivement les cinq troncs de cône superposés du vide intérieur.

Disposition des calculs :

Tronc de cône situé entre 67,85 et 95,95.

Base inférieure $\pi \times \overline{1,58}^2 = 7,843$ $\left(\frac{3,16}{2} = 1,58\right)$

Base supérieure $\pi \times \overline{0,795}^2 = 1,985$ $\left(\frac{1,59}{2} = 0,795\right)$

Moyenne géométriqᵉ $\pi \times (1,58 \times 0,795) = \underline{3,946}$

Cube correspondant............ $\frac{29,10}{3} \times 13.774 =$ 133,608

A déduire les vides :

1° Tronc de cône de 67,85 à 73,85..........	12,714	
2° — 73,85 — 79,85..........	11,216	
3° — 79,85 — 85,85..........	9,720	
4° — 85,85 — 91,85..........	9,986	
5° — 91,85 — 96,95..........	6,650	
Cube du vide à retrancher..................		50,286
Reste pour le cube des maçonneries du fût.		83,322

Mode d'évaluation des ouvrages

On a appliqué un prix unique pour chaque espèce de maçonnerie, qu'il s'agisse de massifs, de murs en fondation ou en élévation, voûtes, etc,, sans avoir égard ni à l'épaisseur ni à la hauteur des maçonneries.

Le métré de la maçonnerie de pierres de taille a été fait en mesurant chaque bloc dans les dimensions qu'il présente, en place. et, multipliant la plus grande longueur par la plus grande hauteur et la plus forte épaisseur, c'est-à-dire en prenant le cube du plus petit parallélipipède circonscrit. sans plus-value pour déchet.

L'évaluation des tailles ne porte que sur les surfaces apparentes. Le prix alloué, par mètre carré, comprend la préparation des matériaux dans leurs lits et joints. Aucune plus-value n'est accordée pour les angles et arêtes ; mais, on a établi une distinction entre les parements ordinaires et les parements de sujétion : le parement ordinaire s'applique à toutes les surfaces planes et aux surfaces courbes, à simple courbure, de plus de 0m,30 de rayon ; le parement de sujétion s'applique aux surfaces courbes, de moins de 0m,30 de rayon. ou à double courbure et aux moulures quelconques, groupées ou isolées.

Les trous, dans la pierre de taille, jusqu'à 0m,30 de côté, sont évalués à un centième du prix de la taille par centimètre de profondeur.

La série de la ville de Paris ne comporte que deux prix de maçonnerie de briques pour cheminées d'usines ; nous les donnons ici à titre de renseignements :

1°	Maçonnerie de briques de Bourgogne	70f,00	le mètre cube
2°	— façon de Bourgogne	62 ,00	—

Les mêmes maçonneries, faites à façon, c'est-à-dire, pour main-d'œuvre et fourniture de hourdis, sont payées 20 fr. 00 le mètre cube.

Le sous-détail du prix n° 2 est ci-après :

Briques, façon Bourgogne 600	à 60f.90=36f.000	
Terre ou mortier........0,31	à 10 ,00= 3 ,100	
Fumiste et aide......... 1 j.5 h.	à 9 ,00=13 ,500	
Faux-frais : 25 % sur 13f,50............	3 ,275	
Ensemble	55 ,975	61f,993 soit 62f,00
Bénéfice : 10 %........................	5 ,598	
Avances de fonds : 0,075 %.............	0 ,420	

Les maçonneries (fondation comprise) de la cheminée de Sévran atteingnent la hauteur de : 40m,27

Ces maçonneries, au niveau du sol, occupent une surface de : 9m²,62

L'estimation qui précède, nous permet de déterminer les prix de revient :

Par mètre de hauteur........... $\frac{11.500^f}{40,27}$ ou 285f,00

Par mètre carré, à la base........ $\frac{11,500}{9,62}$ ou 1195f,00

Ce dernier prix de 1195f,00 est supérieur à celui, par mètre, de beaucoup de maisons à six étages de Paris.

Le temps nécessaire (en bonne saison) à la construction d'une grande cheminée d'usine est évalué à environ 2 jours, par mètre de hauteur.

Réparations des Cheminées d'usines

Pendant la guerre de 1870-71, bon nombre de cheminées d'usines ont été plus ou moins endommagées à Paris et dans les environs; les unes furent renversées et les autres dérasées ou trouées par les projectiles.

Nous croyons devoir dire comment, en général, ces cheminées ont été réparées.

Celles dérasées ont été remontées, purement et simplement, comme s'il s'agissait de continuer une construction neuve.

Mais, celles qui étaient transpercées ont exigé beaucoup de précautions. Les trous variants ordinairement de $0^{m},50$ à 2 mètres de hauteur sur environ $0^{m},50$ de largeur, il eût été imprudent de monter dans la cheminée sans prendre le soin de la consolider. Quand l'ouvrier était parvenu à la brèche, il la fermait avec un étai en bois, placé dans le sens de la hauteur de cette brèche, et avec de la maçonnerie de briques hourdée en mortier de plâtre. Ce mortier a l'avantage, on le sait, de faire une prise très rapide. La cheminée, ainsi provisoirement consolidée, était ensuite démolie, en commençant par le haut, pour descendre jusqu'aux parties ébranlées, en contre-bas des brèches. L'on retombait alors dans le cas des cheminées dérasées dont nous avons parlé plus haut.

Redressement des Cheminées

Il arrive parfois que, pour une cause quelconque : affaissement du sol, emploi de mauvais mortiers ou de matériaux défectueux, une cheminée d'usine vient à pencher.

On emploie différents moyens pour la redresser : nous allons les indiquer brièvement en faisant remarquer que la prudence commande de n'essayer le redressement que si l'inclinaison n'est pas de nature à faire craindre le renversement immédiat de la cheminée.

Nous allons donner d'abord les méthodes appliquées en Amérique et en Angleterre.

La cheminée de l'usine Plattee et Perkins, à Holyoke (Massachusetts), a 24 mètres de hauteur, et présente une section carrée, de 2^{m},40 de côté à la base et de 1^{m}80 au sommet. Elle prit, dans la direction du nord-ouest, une inclinaison de 1 mètre sur la verticale. Pour la redresser, on disposa à la base trois échafaudages, le premier soutenant un cadre, à la hauteur de la corniche, et les deux autres, au-dessus. On plaça deux vérins sous l'un des échafaudages, sur la face ouest, et six autres, sous ceux de la face nord. La terre fut ensuite enlevée sur les deux autres faces est et sud jusqu'au dessous des fondations en laissant toutefois intacte celle qui supportait l'angle sud-est. On remua cette dernière partie de la masse avec des tiges de fer, de manière à l'ameublir et à la rendre bien perméable à l'eau qu'on injectait avec des tuyaux. Enfin, on mit en mouvement les vérins en procédant à des opérations successives d'ameublissement du sol et de pilonnage, puis à de nouveaux avancements. Une fois la cheminé revenue à la position verticale, on pilonna la terre sur toutes les faces.

Le « Van Nostrand's Engineering » auquel nous empruntons, d'après M. Richou, les détails de ce travail, n'indique pas sa durée : il est certain que cette méthode, malgré son succès dans le cas précité, doit être relativement longue et dangereuse : elle n'est d'ailleurs applicable que si l'inclinaison s'est produite à partir de la base.

Les deux méthodes suivantes sont, au contraire, susceptibles d'applications plus générales.

La première a été mise en œuvre pour la cheminée d'une des usines de Bingley, près de Bradford : cette cheminée avait subi, il y a quelques années, un tassement tel dans ses fondations, qu'elle s'était écartée de 1m, 35 de la verticale. On essaya d'abord de la redresser en creusant le sol sous la partie qui n'avait pas tassé, mais on y renonça promptement, et on remplit avec une maçonnerie de briques et ciment l'excavation qu'on avait faite.

Sur le côté resté en bon état, on enleva, dans la fondation du socle, trois assises de briques jusqu'à la moitié de l'épaisseur ; il faut atteindre cette profondeur, sans quoi on risquerait de voir la colonne se redresser tout d'un coup, sous l'effort exercé par le poids de la partie en porte-à-faux, ce qui pourrait donner lieu à des lézardes dans la maçonnerie. En allant, au contraire, jusqu'au centre du socle et même au-delà, la partie en porte-à-faux prend un mouvement graduel de redressement, et comme la masse entière du socle est intéressée, le bloc total prend le même mouvement sans qu'il se produise de rupture.

A Bingley, on avait, pour plus de sécurité, remplacé, au fur et à mesure de l'opération, les briques des assises enlevées par des vérins de 0m,25 de course, disposés entre deux plaques de fonte pour bien répartir les pressions sur la maçonnerie. On les abaissa ensuite graduellement de manière à suivre le mouvement général que prenait la construction, et quand il fut à peu près terminé, on remplit de maçonnerie de briques les intervalles entre les vérins. Puis, on les enleva et on combla les vides qu'ils laissaient.

M. Blind, entrepreneur de maçonnerie pour usines a indiqué,

dans le *Génie civil*, une troisième méthode dont le principe est analogue à celui de la précédente, mais qui est d'une exécution plus simple et n'exige pas l'emploi des vérins. Il fait scier, jusqu'aux deux tiers du diamètre, l'épaisseur du premier joint de briques à partir duquel se manifeste l'inclinaison. Un ouvrier descend, à cet effet, dans l'intérieur de la cheminée, et dégage le joint avec un long burin pour faire passage à la lame de la scie. Les parties laissées en porte-à-faux sont soutenues par des coins en plus ou moins grand nombre, suivant le diamètre de la cheminée. On les retire, quand le joint est dégarni sur la longueur nécessaire, et la partie de la cheminée, située au-dessus de l'entaille, se redresse immédiatement de l'épaisseur du joint, c'est-à-dire de 8 à 10 millimètres. On continue de même, joint par joint ou à diverses hauteurs suivant l'inclinaison, et l'appareil reprend graduellement, sans à-coup ni lézarde, la position verticale.

M. Blind cite comme applications de son procédé les exemples suivants : à Rochefort-sur-Mer, une cheminée de 25 mètres de hauteur, qui s'était inclinée de $0^{m},45$ sur ses fondations et dont le tassement continuait, a été redressée en un jour.

A Neuflyse, (Ardennes) un ouvrier, travaillant pendant trois jours, a ramené à la verticale une cheminée de 50 mètres de hauteur dans laquelle un tassement s'était produit, de la moitié de la hauteur jusqu'au sommet, sous l'influence de la désagrégation d'une partie des mortiers. Cette cheminée avait été construite, en hiver, au moment d'un dégel, et les mortiers de la face sud s'étaient désagrégés, tandis que ceux de la face nord avaient conservé leur cohésion.

Des trois procédés que nous venons de décrire, celui de M. Blind est certainement le plus simple, le plus rapide et le moins dangereux pour les ouvriers à cause du fractionnement des efforts qu'il fait supporter à la maçonnerie, mais il suppose la possibilité de faire descendre un ouvrier à l'intérieur de l'ouvrage. Cette opération se fait sans difficulté par les échelons de fer, scellés dans la brique, pendant la construction, lorsque les cheminées ne débitent que la fumée des foyers ; mais elle devient généralement impraticable pour les cheminées des usines de produits chimiques ; car les gaz acides qu'elles doivent expulser détruisent promptement les échelons, et d'autre part, les gouttelettes d'acide qui se forment par refroidissement à la partie supérieure, rongent les briques et obligent à démolir toute cette partie.

M. Cordier, ingénieur des Arts et Manufactures, chargé de la réfection des joints des assises supérieures d'une cheminée de 67 mètres, imagina, de concert avec un habile constructeur de Lyon, M. Broussas, un ingénieux appareil qui permet de réparer et de démolir, de *l'extérieur*, une cheminée en plein fonctionnement.

On comprend sans peine, l'utilité de cet appareil. Une des-

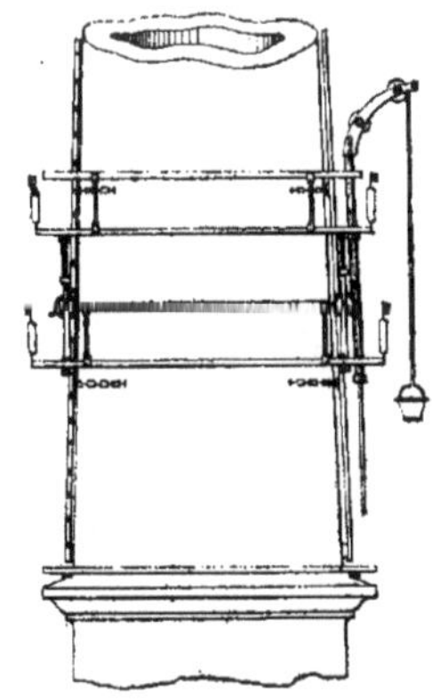

Fig. 10

Appareil de Broussas pour la réparation extérieure des Cheminées

cription complète, que nous ne croyons pas utile de reproduire, en a été donnée par M. Cordier, dans le compte-rendu de la Société de l'Industrie Minérale.

Stabilité des hautes cheminées.

Les hautes cheminées sont exposées à être renversées par le vent.

Bien que la maçonnerie de briques, qui les compose, n'ait qu'une résistance à la traction très faible ou même nulle, dans certains cas, le poids de la cheminée introduit un effort équivalent à la cohésion, et qui permet, jusqu'à une limite convenable, de considérer une cheminée comme un solide encastré par sa base.

L'ingénieur Buchetti a donné une formule très simple et très élégante pour calculer la stabilité des hautes cheminées ; représentant la cheminée par le trapèze A B $a\,b$, on fait :

$$S = \text{surface } AB\,ab.$$

$p =$ pression maxima du vent (sur une surface cylindrique, 150 kg. par *mq*. de la projection verticale).

$P =$ poids de la cheminée au-dessus de la section d'encastrement.

$\omega =$ surface de cette section $= \pi\,(r^2 - r'^2)$.

$F =$ résultante de l'action du vent $= Sp$ appliquée au centre de gravité du trapèze, à une hauteur y.

$\mu = pSy$, moment de renversement de la cheminée.

$I = \frac{\pi}{4}(r^4 - r'^4)$, moment d'inertie de la section par rapport à l'axe O.

$v = \pm\, r$, distance extrême des fibres à l'axe neutre O.

On aura alors :

$$\mu = p \frac{h^2}{6} (D + 2d)$$

et

$$\mu = 150\, S y = 25\, h^2 (D + 2d).$$

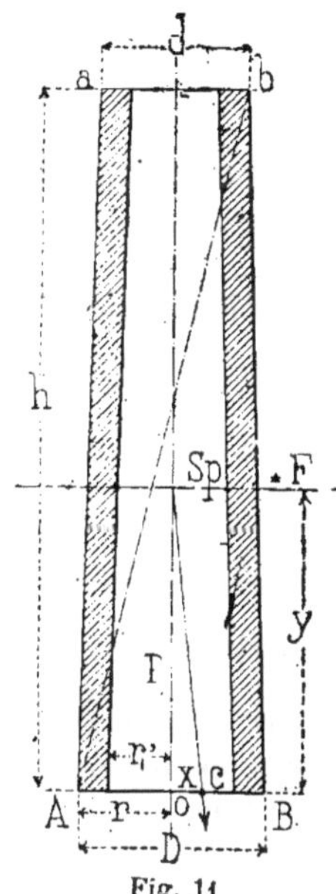

Fig. 11

Parallélogramme du moment de flexion pour le calcul de la résistance des Cheminées

En appliquant la formule :

$$R = \frac{P}{\omega} \pm \frac{v\mu}{I},$$

on a :

$$R = \frac{P}{\omega} \pm \frac{31{,}8\, r h^2 (D + 2d)}{r^4 - r'^4}.$$

Pour des cheminées en tôle, encastrées et sans haubans, et dans lesquelles $D = d$, on pourrait, sans erreur notable, prendre :

$$R = \frac{P}{\omega} \pm \frac{95,4\, h^2 D}{r^3 - r'^3}.$$

On calculera donc les deux valeurs de R (signes + et —) et on vérifiera qu'elles soient dans les limites acceptables, pour les points A et B de la base. En A, il peut se produire une extension qui ne doit pas dépasser, pour de la maçonnerie en bonnes briques de Bourgogne, hourdée en mortier hydraulique, 3 kg. par *cq*. (Rupture, 15 à 18 kg.)

Le plus souvent, pour les cheminées en tôle, l'encastrement est insignifiant, et ce sont les haubans qui supportent l'effort du vent.

En appelant $F = Sp$ l'action totale du vent, la résultante de P et de F doit, d'après Rankine, rencontrer la base en un point tel que $x = Oc \leq \frac{r}{2}$.

D'après Gouilly, dans le cas où on veut éviter toute extension au point A, il faut avoir environ $x \leq \frac{r'}{2}$

De toute manière, si l'on trouve des chiffres excessifs, il faut élargir la base. D'ailleurs, les mêmes conditions doivent être satisfaites dans toute la hauteur de la cheminée.

(1) Voir Gouilly, ***Stabilité des Cheminées d'Usines***, in-8°, 3 francs (B. Tignol, éditeur).

Hauteur des cheminées

La plus haute cheminée en briques, jusqu'en 1890, était à Manchester; elle a 125 mètres, et 4 millions de briques sont entrées dans sa construction. Citons encore parmi les plus élevées celle de 105 mètres de hauteur à Fall-River (Massachusets) destinée à l'évacuation des gaz des générateurs de la Fall-River-Iron et Cie. Le diamètre, à la base, est de 9 mètres, et de $6^{m},30$ au couronnement; le diamètre intérieur est, particularité intéressante à signaler, égal sur toute la hauteur et atteint $3^{m},30$. Deux carneaux principaux de $2^{m},85 \times 1,80$ chacun, la relient aux carneaux spéciaux des 40 chaudières.

Ces hauteurs sont d'ailleurs dépassées par la cheminée de la fonderie de Halsbrucke près de Freyberg (Saxe), achevée récemment.

Sa hauteur est de 138 mètres et son diamètre intérieur de $4^{m},80$. Elle est élevée à un niveau supérieur de 79 mètres à celui des ateliers qu'elle dominera ainsi de 217 mètres. Cette énorme élévation a pour but de lancer les gaz nuisibles, provenant des fours, à une hauteur suffisante dans l'atmosphère pour en éviter les inconvénients au voisinage.

Le socle est carré et a 12 mètres de côté; il porte un fût de 12 mètres, à partir duquel s'élève la cheminée proprement dite.

Le prix de revient est d'environ 150000 francs : le montage se fera à l'aide d'un élévateur-manœuvre, par une machine qu'on déplace au fur et à mesure que les ouvriers s'élèvent.

Citons enfin les deux cheminées géantes de Glascow, dont nous donnons ci-dessous les dimensions et les poids :

Hauteur 142^{m}.60	138,85
Diamètre au niveau du sol 9.75.	12,20
Au sommet 4.36	4,11

Poids tonnes 8,100

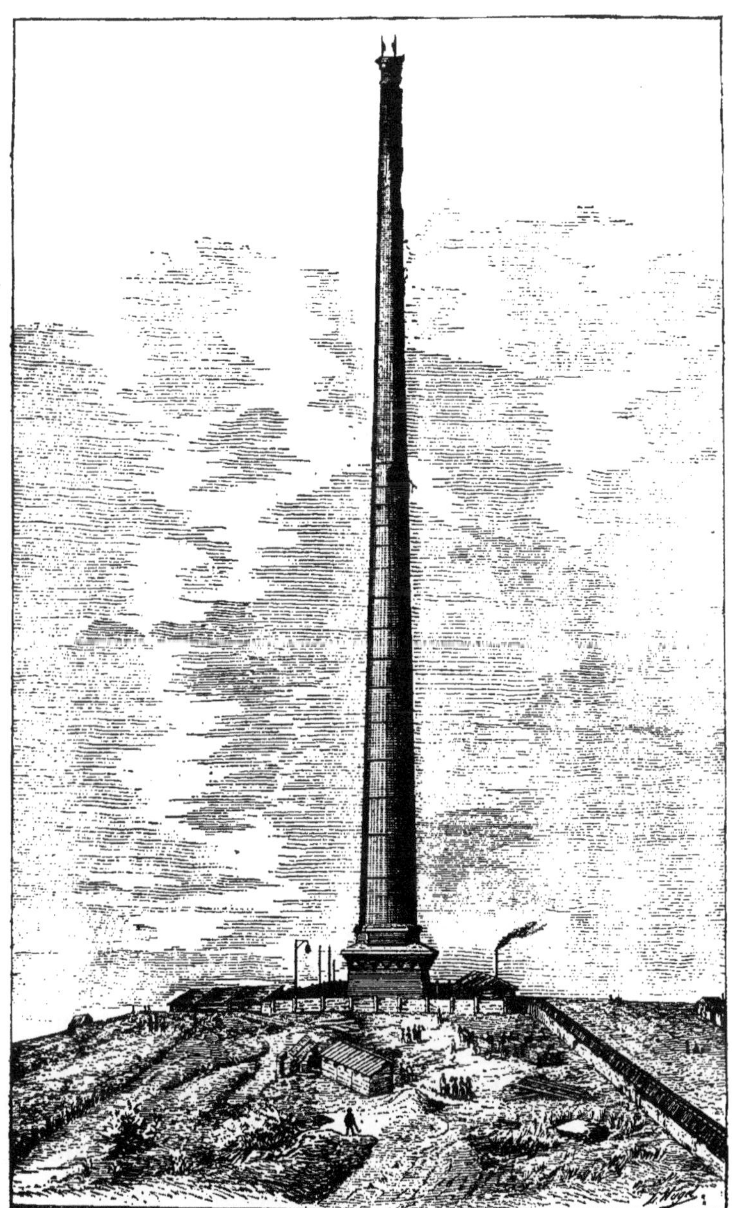

Fig. 12
Cheminée de la Fonderie de Hallsbrück

Cheminée en matériaux divers

L'emploi du fer et même de l'acier dans la construction des cheminées de grande hauteur devient assez fréquent.

Au Creusot, il existe une cheminée métallique de 85m.30 ; plusieurs, en Angleterre et en Amérique atteignent 60 à 80 mètres.

On vient de terminer à Darwan, comté de Lancastre, une cheminée en fer dont voici les principales dimensions :

Hauteur totale, fondation comprise.	85m 30
— de la plaque inférieure au sommet. . .	79m 40
— de la base au sommet du cône.	8m 53
Différence du diamètre entre la base et le sommet du cône	3m 20
Différence de diamètre entre le sommet du cône et celui de la cheminée	1m 83
Nombre des rangées de plaques.	66
Nombre de plaques	308
Diamètre de la plaque de base (faite en 6 segments)	8m 38
Nombre de rivets employés	17 000
Boulons de fondation à bouts renflés et taraudés (longueur 0m,49, diamètre 0m,063)	12
Epaisseur de l'assise de briques de la base . . .	0m 46
— — — du sommet. .	0m 07
Temps employé au travail d'exécution de la partie métallique . . . . semaines	11
Poids total. . . . . tonnes	1116
Poids total du fer . . , ... —	161

Fig. 13

Cheminée métallique de Darwan

Une cheminée en briques de même hauteur pèserait plus de 3.500 tonnes.

L'avantage d'un moindre poids est fort important, lorsque le sol, sur lequel on bâtit, n'est pas très bon.

Les cheminées métalliques ont encore sur les autres la supériorité de pouvoir être construites plus rapidement, surtout en hiver, la gelée n'interrompant pas le travail pour elles comme pour la maçonnerie. Enfin, elles ne risquent pas, comme les cheminées en briques, les effondrements subits, ni les chutes accidentelles de matériaux mal reliés au reste de la construction, et elles résistent aux plus hautes températures industrielles.

Signalons, pour terminer cette étude, l'emploi du laitier des hauts fourneaux à la construction des cheminées pour remplacer la brique.

Le premier essai a été fait par les compagnies de Courrières et d'Ostricourt. Elles ont eu l'heureuse idée d'utiliser ce sous-produit industriel si encombrant et sans valeur au lieu et place de la brique. Il résulte, comme avantage, une légèreté plus considérable et une grande économie de matière première.

Leur exemple va être suivi par les établissements Arbel, de Douai.

La cheminée en verre de cette dernière usine aura 50 mètres de hauteur et ne pèsera que 385 tonnes, soit moitié moins environ qu'une cheminée, en briques ordinaires, de mêmes dimensions. Ses éléments, soigneusement reliés par un mortier de ciment de composition spéciale faisant prise sur le laitier aggloméré, donneront à ce gros tube une indivisibilité complète de façon à ne nécessiter l'emploi d'aucune chaîne ni cercle de fer.

TABLE DES MATIÈRES

TABLE DES FIGURES

Imp. LAMBERT, ÉPINETTE & Cº, 231, Rue Championnet.

www.ingramcontent.com/pod-product-compliance
Ingram Content Group UK Ltd.
Pitfield, Milton Keynes, MK11 3LW, UK
UKHW021951260726
13994UKWH00004B/1683